AF461120

CONSIDÉRATIONS
SUR
L'AGRICULTURE
ET
PROJETS D'AMÉLIORATION.

CONSIDÉRATIONS

SUR

L'AGRICULTURE

ET

PROJETS D'AMÉLIORATION

SOUMIS AU JUGEMENT DE TOUS LES HOMMES ÉCLAIRÉS
AFIN DE LES METTRE A MÊME DE CONTRIBUER
A LEUR EXÉCUTION.

PAR M. LE MARQUIS DE BÉSIGNAN.

PARIS,

A. PIHAN DELAFOREST,

Imprimeur de Monsieur le Dauphin, de la Cour de Cassation,
de l'Association paternelle des Chevaliers de St-Louis, etc.

RUE DES NOYERS, N° 37.

1828.

CONSIDÉRATIONS

SUR

L'AGRICULTURE.

En créant un ministère du Commerce et des Manufactures, le Roi a manifesté hautement l'importance que l'on doit attacher à ces deux sources de prospérité. C'est avoir fait un appel à tous les Français, qui par leur position sociale, par des connaissances acquises, peuvent seconder ses vues bienfaisantes. Mais dans un pays comme notre belle France, quelle est la véritable source ou plutôt la mère, la nourrice du commerce? C'est l'agriculture, qu'on est étonné de ne point voir dans les attributions du nouveau ministre. C'est donc sur elle que je vais tâcher d'appeler l'attention et l'intérêt publics.

Je dirai d'abord le mal qui existe, et j'offrirai ensuite les remèdes qu'on peut y apporter; je montrerai les obstacles qui s'opposent aux progrès de l'agriculture, et j'indiquerai les moyens de les surmonter.

Le lecteur ne doit pas s'attendre à trouver dans mon écrit des effets de style, des précautions oratoires; je ne les connais point et ne puis m'en servir : élevé à l'école du malheur, je n'y ai appris que ce qu'on y apprend, c'est-à-dire à réfléchir aux causes des maux qui affligent la pauvre humanité, à adoucir ces maux le plus possible, enfin à savoir les supporter avec dignité et résignation quand ils sont inévitables.

D'après cela, il fallait être persuadé comme je le suis qu'on ne saurait trop et trop tôt s'occuper des intérêts de l'agriculture, pour avoir osé livrer à l'impression des plans et des projets qui auraient besoin pour être développés, d'une plume plus exercée ou plutôt moins faible que la mienne; mais j'aurai beaucoup fait et je me trouverai très heureux si, en surmontant la répugnance que j'éprouve à publier mes idées, j'inspire le même courage à ceux qui peuvent offrir des vues utiles à l'agriculture.

Au premier rang de tous les fléaux auxquels sont exposés les cultivateurs, il faut placer les inondations qui proviennent des débordemens des fleuves, des rivières et des torrens. Ce fléau est d'autant plus redoutable qu'il semble presque protégé par notre législation qui force, pour ainsi dire, les propriétaires riverains à abandonner leurs propriétés aux ravages affreux que produisent les orages et désolent les bords des rivières. Un propriétaire veut-il faire quelques efforts pour sauver sa propriété, soudain ce sont des rapports, des plans, des devis d'ingénieurs des ponts et chaussées, qu'il faut faire faire à prix d'argent; de là des frais si considérables que le propriétaire se voit forcé de renoncer à ses projets de défense, et de laisser sa propriété exposée aux ravages du torrent. Ce n'est pas tout; un riverain plus entreprenant parvient-il à vaincre ces premières difficultés, il se fortifie, il sauve sa propriété, mais le nouveau cours qu'il donne aux eaux va envahir un autre terrain qui jusqu'à cette époque n'avait pas souffert d'inondation, et ainsi le salut de l'un entraîne la perte de l'autre.

Plus loin c'est un propriétaire qui ne peut se dispenser de faire des fortifications; il y va de sa ruine; mais il en est empêché par ceux qui auraient à subir le rejet du torrent, et voit ravager sa propriété, sans pouvoir y porter remède.

Un seul moyen s'offre de parer à ces graves inconvéniens, ce serait de faire faire les réparations d'un commun accord, sur tout le cours de la rivière. Mais pour cela il faudrait que tous les propriétaires riverains s'entendissent; or, comment parvenir à cet accord à moins d'avoir un point de réunion? Ce serait l'un des heureux résultats que procurerait la Compagnie d'amélioration dont je proposerai l'établissement.

Qu'arriverait-il, si au lieu de laisser les propriétaires et les cultivateurs exposés aux dévastations des eaux, on leur fournissait les moyens de s'en préserver? Un bien incalculable. D'abord les propriétés elles-mêmes auraient une plus grande valeur, ensuite l'encaissement des rivières et des torrens opérant la réunion des eaux et les rendant flottables et souvent même navigables, au lieu de porter la désolation et la ruine, elles répandraient la fertilité et l'abondance. Telle rivière, aujourd'hui le fléau de la contrée, en deviendrait la bienfaitrice; les bois seraient mis à flot plus près de leur source, et la navigation offrirait au commerce des communications plus faciles et plus avantageuses.

L'encaissement des rivières et des torrens faciliterait en outre l'ouverture de canaux de navigation et d'irrigation. Graces à ces derniers, l'on verrait des terrains incultes ou à peine parsemés de quelques maigres épis qu'on glane plutôt qu'on ne les moissonne, se transformer en plaines fertiles ou en gras pâturages; là où, par leur hideux aspect, la stérilité et la misère contristaient les regards du voyageur, se développeraient de riches prairies, de féconds vergers, se formeraient de précieuses plantations, s'élèveraient des usines et des fabriques de toute espèce.

J'ai dû commencer le tableau des souffrances de l'agriculture, par les maux qu'il est le plus urgent d'arrêter; maintenant j'arrive à ce qui devrait être fait pour donner à cette branche d'économie politique toute l'étendue dont elle est susceptible en France; je veux parler du desséchement de ces vastes marais, de ces nombreux étangs, du défrichement de ces landes qui tous réunis forment, si je m'en rapporte aux données fournies par la statistique, une surface de plus de quinze millions d'arpens. On sent que l'exécution des travaux demandés pour une pareille entreprise sont au-dessus des forces d'un homme seul, même le plus riche de France. Mais est-il aucune entreprise, si colossale qu'elle soit, qui ne puisse être conduite à bonne fin par un système d'association bien entendu, je ne le crois pas; c'est dans cette persuasion que je viens proposer l'établissement d'une Compagnie, à laquelle, d'après son but et ses résultats, je donnerais le nom de *Compagnie d'amélioration pour l'Agriculture*.

Cette Compagnie aurait son siége à Paris, et serait formée de ce que la France possède de plus habiles en hommes d'État, de plus instruits en ingénieurs, en architectes, en agronomes, en naturalistes, en légistes, enfin de propriétaires et de capitalistes qui prendraient des actions. Elle aurait dans chaque chef-lieu de département une Compagnie correspondante, formée à son instar, de tout ce que le département offrirait de plus distingués en ingénieurs, en agronomes, etc., etc. Pour faire partie d'une Compagnie de département, il faudrait ou l'habiter, ou y avoir des propriétés. La Compagnie d'amélioration tiendrait chaque année, à une époque déterminée la plus commode, une assemblée générale où elle nommerait, à la majorité absolue, un conseil supérieur d'administration, composé de sept membres choisis dans son sein, qui nommerait à son tour tous les employés de la Compagnie.

Chaque action de la Société serait de 1,000 f.

Aucun actionnaire ne pourrait voter en assemblée générale, s'il n'était porteur d'un titre de souscription constatant une valeur nominale de vingt-cinq actions. Pour être nommé membre du conseil supérieur d'administration, il faudrait posséder au moins quatre-vingts actions.

Chaque souscripteur serait obligé de verser un dixième de sa souscription comptant et les autres dixièmes d'année en année.

Il serait compté aux souscripteurs, à la fin de chaque année, l'intérêt à 5 pour 100 du capital versé.

Les souscripteurs pourraient céder leurs actions; et, pour justifier du transfert à peu de frais, il serait nommé un certain nombre d'agens-de-change dans chaque chef-lieu de département; de cette manière les inscriptions du grand-livre pourraient aussi s'aliéner dans toute la France avec facilité et économie pour les habitans des provinces qui se plaignent généralement, et il faut le dire, avec raison, de la trop grande centralisation des affaires.

Il est peu de travaux que ne puisse entreprendre, avec toutes les chances de succès, une Compagnie établie sur de telles bases; cependant la canalisation faisant partie des améliorations et exigeant des capitaux énormes et le concours du gouvernement, je crois qu'il serait important d'appeler à prendre intérêt dans l'association un souscripteur dont les moyens pécuniaires et de protection répondissent aux besoins de la Compagnie ; ce souscripteur c'est l'Etat lui-même, qui, autant et plus que tout autre propriétaire, gagnerait à l'établissement que je propose : car n'a-t-il pas sur le bord des rivières et des fleuves des domaines à préserver de leur ravage? Ne possède-t-il pas des îles et des alluvions à cultiver, des étangs et des marais à dessécher, des landes à défricher, des forêts escarpées et d'un difficile accès à exploiter ?

Mais, m'objectera-t-on peut-être : Où voulez-vous que l'Etat déja très surchargé, puise les fonds que vous lui demandez ? Je répondrai : Partout où il le pourra ; car il n'est pas un emploi de fonds qui puisse rapporter davantage et d'une manière plus sûre, comme je le prouverai tout à l'heure quand j'énumérerai quelques-uns des avantages que procurera la fondation de la Compagnie d'amélioration. D'ailleurs n'a-t-il pas la caisse d'amortissement? Pourquoi cette caisse ne suspendrait-elle pas, pendant dix ans, ses achats d'inscriptions sur le grand-livre et n'appliquerait-elle pas, durant ce laps de temps, non-seulement tous ses revenus, mais l'intérêt de ces mêmes revenus, à l'amélioration des possessions que je viens de rappeler et à l'exécution de tous les plans et projets qui paraîtront utiles à l'agriculture et à l'industrie.

Mais, me dira-t-on peut-être encore, la suspension des opérations de la caisse d'amortissement, pendant dix ans, produira une baisse sur les inscriptions au grand-livre. Je ne le crois pas; mais cette baisse, eût-elle lieu, ne peut porter aucune atteinte au crédit qui n'est fondé que sur la stabilité de l'Etat et sur la confiance que le public mettra dans le succès présumé des opérations projetées. En supposant donc que la majorité de la France approuve ces projets, il est évident que sa confiance augmentera, et la fixité du cours des fonds publics qui en résulterait, produirait les plus heureux effets en faisant cesser, du moins pendant dix ans, la fureur du perfide jeu appelé agiotage.

Si la mesure proposée suspend momentanément l'effet de l'amortissement de la dette publique, on a en revanche l'assurance qu'on pourra, par cette spéculation, éteindre, avant vingt ans, le double de valeurs d'inscriptions, comparativement à celles que l'on aurait encaissées en suivant, pendant ce même laps de temps, le mode ordinaire des extinctions.

En jetant un coup-d'œil sur les deux tableaux que je joins à mon écrit, on verra d'une manière approximative les bénéfices présumés qui s'élèveront à une valeur bien au-dessus de ceux qu'on obtient par la marche ordinaire.

Après avoir montré la possibilité de former une Compagnie d'amélioration et avoir indiqué quelques-unes des bases sur lesquelles on pourrait l'établir, je vais exposer les principaux avantages qu'elle offrirait à tous les Français, sur quelque échelon de l'ordre social qu'ils se trouvent, depuis l'auguste protecteur de toutes les entreprises qui peuvent contribuer au bonheur de ses sujets et à la prospérité de son royaume, jusqu'au malheureux que le défaut de travail a plongé dans la misère et les maux innombrables qui l'accompagnent.

Le premier des biens, à mon avis, produits par la Compagnie d'amélioration serait de fournir de l'occupation à plus d'un million de personnes.

La jeunesse française n'est plus en coupe réglée, comme sous l'empire ; les familles ne sont plus décimées; chaque jour on voit naître une découverte, un perfectionnement dans les arts; chaque jour s'introduisent parmi nous des machines de toute espèce, qui, sous plus d'un rapport, présentent de grands avantages qu'il n'entre pas dans mes intentions de contester ; mais aussi quel encombrement ! quelle concurrence pour les places et les emplois, pour les professions et les états même les plus difficiles, pour ceux qui demandent le plus d'études, de connaissances et de talent ! que d'ouvriers, que de pères de familles privés de travail et de toutes ressources par l'introduction de ces mêmes machines, et réduits à la plus déplorable misère ! Combien donc n'est pas précieux et ne mérite pas la protection du Roi et les encouragemens du gouvernement, l'établissement projeté, par cela seul qu'il offrirait de l'occupation à une foule d'individus de tous les états, de toutes les professions, de tous les métiers. Le gouvernement trouverait dans la composition de l'administration de la Compagnie la possibilité de faire des suppressions et des économies dans les diverses branches de ses ministères, sans craindre de priver de leurs ressources les employés révoqués, puisqu'ils seraient replacés avantageusement *.

Si du placement des hommes je passe au placement des capitaux, je montrerai la Compagnie d'amélioration offrant aux capitalistes sans industrie, le moyen de faire prospérer leurs fonds, sans les exposer. Le numéraire ainsi employé refluerait dans la province et ferait fleurir l'agriculture; les usuriers et les agioteurs seuls y perdraient, mais que n'y gagneraient pas ceux qui livrent leurs fonds à de fausses spéculations, presque toujours suivies de banqueroutes ou de très minces bénéfices, et ceux qui, crainte de ces mêmes banquerou-

* On pourrait même continuer à faire une retenue sur leurs appointemens, et au temps révolu, ils seraient admis à la retraite, comme s'ils n'étaient point sortis de leur administration.

tes, laissent leur argent dans un état de non-valeur vraiment déplorable ?

Je n'énumérerai pas toutes les opérations auxquelles pourra se livrer la Compagnie d'amélioration, mais peut-être n'est-il pas inutile d'en indiquer quelques-unes, ne fût-ce que pour en faire ressortir les résultats avantageux et pour les particuliers et pour l'État lui-même.

Ce dernier est propriétaire d'un grand nombre de marais et d'étangs, de lais et relais de mer, d'îles et d'alluvions; en confiant leur desséchement et leur culture à l'industrie de la Compagnie, sous telles conditions qui seraient jugées convenables, les bénéfices et les avantages qu'il en retirerait seraient énormes.

1° Le revenu qui reviendrait de la culture de ces terrains dont le capital réalisé pourrait aussi augmenter les fonds de la Compagnie.

2° L'impôt accru à proportion, une fois ces terrains mis en vente;

3° La part que la caisse d'amortissement aurait, par sa mise de fonds, sur ces mêmes entreprises;

4° Enfin, l'assainissement opéré par l'écoulement donné aux eaux stagnantes et croupies qui infectent l'air et qui occasionent des maladies si fréquentes et si dangereuses aux habitans de ces parages.

Parmi les domaines de l'État se trouvent aussi des bois et des forêts que leur situation et leur escarpement rendent inabordables et qu'il est impossible d'exploiter, à moins de pratiquer des routes, des canaux, et de rendre flottables et navigables des rivières et des torrens qui ne le sont pas. La Compagnie tournerait tous ses efforts vers ce point important. En exploitant ces bois, jusqu'à ce jour sans rapport, elle mettrait à même de ménager les forêts qu'on dépeuple beaucoup trop et auxquelles on ne laisse pas le temps de se fortifier; et surtout de défendre les défrichemens jusqu'à un certain degré de pente déterminé par une loi. Alors on verrait les habitans des montagnes descendre dans la plaine pour employer leurs bras aux travaux des nouvelles entreprises; et leur éloignement des sites élevés serait un véritable bienfait : car une nombreuse population sur les hauteurs est une sorte de calamité publique, parce que sa présence dans ces lieux nécessite le défrichement des bois et des monts, ce qui produit l'écroulement des terres et la destruction des bas-fonds.

Un des plus grands services que la Compagnie pourrait encore rendre à l'agriculture serait de prêter aux propriétaires sur hypothèques, mais à un intérêt très modéré, et peut-être même sans intérêt, les fonds qui leur sont nécessaires. Ce serait remplir avantageusement la caisse hypothécaire dont la ruine me paraît inévitable, d'après la baisse de ses actions; ruine qu'il faut attribuer, je pense, aux frais excessifs que sont forcés de supporter les emprunteurs.

L'institution que je propose devrait ne point avoir ce vice capital. Autant vaudrait ne pas la créer que de lui laisser cette cause de mort. La nouvelle caisse devrait être pour la classe des propriétaires fonciers ce qu'est le mont-de-piété pour la classe des malheureux qui sont obligés de déposer un gage d'une certaine valeur pour obtenir une somme au-dessous de cette même valeur. Cet établissement devrait être tout paternel, comme émanant en grande partie du gouvernement, et soulager ses débiteurs des frais d'enregistrement et de tous autres dont ils sont accablés par la caisse actuelle.

Il ne serait pas difficile de démontrer que la Compagnie pourrait prêter même sans intérêt aux propriétaires fonciers telle somme dont ils auraient besoin, pourvu qu'ils justifiassent d'un hypothèque en biens-fonds de la valeur d'un tiers en sus de la somme qu'ils voudraient emprunter, moyennant toutefois une rétribution, en augmentation du capital prêté, pour couvrir la Compagnie de ses frais d'administration et de confection de l'acte de prêt. Cette rétribution ne s'élèverait jamais à la valeur de l'intérêt de 5 pour cent.

La Compagnie pourrait, sans inconvénient, comme je l'indique note B, mais dans un autre sens, mettre en circulation des bons de caisse pour une valeur équivalente à l'hypothèque en biens-fonds, fournie par le propriétaire dans son acte d'emprunt. Ces bons de caisse auraient cours comme les billets de banque, ils seraient reçus pour numéraire dans les caisses publiques. Cette mise en circulation de bons de caisse dans les provinces deviendrait indispensable pour faciliter les nombreuses affaires que feraient naître les opérations de la Compagnie, ce serait un emprunt de fonds fait par le propriétaire foncier, selon ses besoins, sur le numéraire en circulation, prêté sous la double caution des capitalistes et du gouvernement.

Cependant à la fin de chaque année il devrait se faire un arrêté de compte pour établir d'une manière précise l'entrée et la sortie des sommes prêtées, afin de retirer de la circulation pour autant de bons de caisse qu'il se trouverait de numéraire rentré.

Cette espèce de caisse hypothécaire aurait une influence immense sur la prospérité de l'agriculture et par conséquent sur celle du commerce et de l'industrie. Elle offrirait au propriétaire foncier les moyens de faire des réparations utiles, elle l'empêcherait de se ruiner, comme il le fait souvent, en empruntant des fonds à un taux exorbitant pour réparer les pertes d'une mauvaise récolte, ou payer les frais d'un procès perdu ; elle lui faciliterait l'acquittement de ses impositions, pour lequel il se voit quelquefois obligé d'aliéner à un modique prix ses meubles et même ses immeubles.

Elle porterait un coup mortel à l'usure, parce que la propriété qui doit à peu près le tiers de sa valeur n'aurait plus recours à l'usurier qui, se trouvant embarrassé de ses fonds, serait forcé de les faire valoir honorablement dans les opérations de la Compagnie ou de les employer en acquisitions territoriales, ce qui augmenterait encore la valeur intrinsèque de la propriété.

Elle ferait accroître les revenus du trésor, et l'impôt se percevrait avec plus de facilité.

En livrant ces idées à la méditation des hommes à portée de les mettre ou de les faire mettre à exécution, je n'ai pas prétendu qu'elles ne dussent pas subir de modifications; loin delà, je le répète, mon but sera atteint si j'ai pu appeler l'attention du gouvernement sur cette source de prospérité, et provoquer quelques-unes des mesures qu'il faudrait prendre pour la rendre aussi féconde qu'elle peut le devenir. Une des meilleures, je crois, serait de former une commission d'hommes éclairés sur ces matières, qui serait chargée de faire un résumé de tous les moyens à employer pour atteindre le but proposé. Ce résumé serait adressé aux conseils d'arrondissement et aux conseils généraux qui l'élaboreraient à leur tour et donneraient leur avis sur chacun des objets dont il serait fait mention.

FIN.

Premier TABLEAU approximatif des Bénéfices à obtenir, par les nouvelles opérations de la Caisse d'Amortissement, associée aux Capitalistes pendant vingt-un ans, en suspendant, pendant l'espace de dix ans, ses Achats d'Inscriptions au Grand-Livre, et employant ses Revenus, pendant le même laps de temps, en Spéculations d'Améliorations. Les Revenus de ladite Caisse sont évalués à la somme de cent millions (1), et les Versemens annuels et présumés des Capitalistes-Souscripteurs s'élèvent à la somme de cent millions.

ORDRE NUMÉRIQUE DES ANNÉES.	LIBELLÉ.	BALANCE DU FONDS — DE LA CAISSE D'AMORTISSEMENT EN RECETTE.	DE LA CAISSE D'AMORTISSEMENT EN DÉPENSE.	DES CAPITALISTES ASSOCIÉS A LA CAISSE D'AMORTISSEMENT EN RECETTE.	DES CAPITALISTES ASSOCIÉS A LA CAISSE D'AMORTISSEMENT EN DÉPENSE.
»		Milliards. Millions.	Milliards. Millions.	Milliards. Millions.	Milliards. Millions.
1re	Les Dépenses de cette année sont de..........	». »	». 100	». »	». 100
2e	id..........	». »	». 100	». »	». 100
3	id..........	». »	». 100	». »	». 100
4	id..........	». »	». 100	». »	». 100
5	id..........	». »	». 100	». »	». 100
6	id..........	». »	». 100	». »	». 100
7	id..........	». »	». 100	». »	». 100
8	On suppose que la Recette doit être portée au double de la Dépense de la				
»	1re année, la Dépense doit donc être augmentée de cette valeur (2); ci.	». 200	». 300	». 200	». 300
9	id..........	». 200	». 300	». 200	». 300
10	id..........	». 200	». 300	». 200	». 300
11	La Recette doit être le double de la Dépense de la 4e année, et la Dépense				
»	de celle-ci est égale à la Recette, les souscriptions étant épuisées..	». 200	». 200	». 200	». 200
12	id..........	». 200	». 200	». 200	». 200
13	id..........	». 200	». 200	». 200	». 200
14	id..........	». 200	». 200	». 200	». 200
15	Recette double de la Dépense de la 8e année. Dépense égale à Recette	». 600	». 600	». 600	». 600
16	id..........	». 600	». 600	». 600	». 600
17	id..........	». 600	». 600	». 600	». 600
18	Recette double de la Dépense de la 15e année. Dépense égale à Recette.	». 400	». 400	». 400	». 400
19	id..........	». 400	». 400	». 400	». 400
20	id..........	». 400	». 400	». 400	». 400
21	id..........	». 400	». 400	». 400	». 400
	Totaux de la Dépense opérée en amélioration..........	....	5. 800	». »	5. 800
	(3) Total général de la Dépense..........	....	....	11. 600	». »

(1) Voyez note A. — (2) Voyez note B. — (3) Voyez note C.

Deuxième TABLEAU, qui représente la Rentrée du Capital déboursé dans les sept dernières années, d'Après l'Exposé du premier Tableau, avec les Bénéfices présumés sur le même pied que les précédentes années.

LIBELLÉ.	ORDRE NUMÉRIQUE DES ANNÉES DE la 15me à la 21me incluse.	ORDRE NUMÉRIQUE DES ANNÉES DE la 22me à la 28me incluse.	CAISSE D'AMORTISSEMENT. DÉPENSE de la 15me à la 21me année incluse.	CAISSE D'AMORTISSEMENT. RECETTE de la 22me à la 28me année incluse.	CAISSE DES CAPITALISTES. DÉPENSE de la 15me à la 21me année incluse.	CAISSE DES CAPITALISTES. RECETTE de la 22me à la 28me année incluse.
	»	»	Milliards. Millions.	Milliards. Millions.	Milliards. Millions.	Milliards. Millions.
	15e	22e	». 600	1. 200	». 600	1. 200
	16	23	». 600	1. 200	». 600	1. 200
	17	24	». 600	1. 200	». 600	1. 200
	18	25	». 400	». 800	». 400	». 800
	19	26	». 400	». 800	». 400	». 800
	20	27	». 400	». 800	». 400	». 800
	21	28	». 400	». 800	». 400	». 800
Totaux de la Recette et Dépense..........			3. 400	6. 800	3. 400	6. 800
Total général de la Recette..........			» »	» »	13. 600	» »
Report de la Recette..........			» »	6. 800	» »	6. 800
A défalquer le Capital effectif employé pendant dix ans..........			» »	1. 000	» »	1. 000
			» »	5. 800	» »	5. 800
Reste net en Bénéfice présumé..........					11. 800	

NOTES

DU TABLEAU N° 1.

(A) Les revenus de la caisse d'amortissement ne s'élèvent qu'à la somme de 77 à 78 millions; mais, en supposant que mon projet soit adopté, ce ne serait qu'à partir de l'année 1830, que commencerait la suspension des opérations de la caisse d'amortissement qui aurait à cette époque environ 86 millions de revenus; le gouvernement n'aurait donc qu'à couvrir la différence entre les revenus effectifs de la caisse et ceux que je lui suppose dans l'exposé de mon premier tableau. Cette différence pour la souscription de l'année 1830, serait de 14 millions; pour celle de 1831, de 9 millions, et pour celle de 1832, de 4 millions; parce que chaque année la caisse d'amortissement recevrait 5 millions d'intérêt de sa mise de fonds, la seconde année 10 millions, et ainsi de suite: conséquemment, dans l'espace de trois ans révolus, la caisse se liquiderait envers le trésor des sommes qu'il lui aurait avancées pour le complément de sa souscription.

(B) On suppose que telle quantité de numéraire attribuée dans le cours d'une année à telle ou telle autre branche d'amélioration, mettrait l'immeuble réparé, dans l'espace de sept ans, à un degré de valeur assez élevé pour produire le double du capital employé, en sus de l'évaluation première de la propriété améliorée, qui serait, par conséquent, en état d'être aliéné, et dont le produit serait employé de suite à de nouvelles opérations.

On dira que, pour aliéner un bien-fonds, il faut trouver des acquéreurs qui soient en position de l'acheter. Mais le numéraire répandu en grande abondance parmi toutes les classes de la société, pour opérer ces améliorations, produirait une si grande activité dans le commerce et l'industrie, sur les objets, surtout de consommation, qu'il ne serait pas difficile de trouver des acquéreurs aisés.

D'ailleurs, l'exportation de nos produits de toute espèce, qui, par la suite, deviendraient superflus, ferait, peu à peu refluer, dans notre patrie, le numéraire qui en est sorti en si grande quantité depuis 1814. Enfin, les terrains incultes du midi de la France mis en état de produire, propageraient les plantes indigènes ou exotiques déja aclimatées.

Parmi les considérations qui démontreraient que mes suppositions ne sont point exagérées, celles qui suivent ne sont pas moins concluantes :

Les paiemens des ventes se font ordinairement à des termes plus ou moins éloignés; mais les adjudications des travaux ne se paient, aussi, qu'à des époques fixes. Ainsi en coordonnant sagement l'entrée avec la sortie des capitaux, on peut exécuter, avec facilité, autant d'entreprises que le nombre de bras à employer le permettra. Cette vérité est incontestable, parce que si la caisse de la Compagnie manquait de numéraire, pour cause de crédit accordé, elle pourrait mettre en circulation pour autant de bons de caisse qu'il serait dû à ladite caisse, et qu'elle amortirait au fur et à mesure qu'elle encaisserait.

Il existe encore une grande partie des propriétés à améliorer qui, dès la seconde ou la troisième année de réparation, seraient mises en produit, savoir : partie des îles et alluvions, les landes, les terres arides et incultes qu'on arroserait par des canaux d'irrigation, les bois à vendre dont le prompt débouché pourrait avoir lieu par des routes ou par le déblai des rivières et torrens, etc. etc.

Le nombre de bras à employer sera, ajoutera-on peut-être encore, insuffisant, comparativement au numéraire en disponibilité, d'après l'exposé de mon tableau. Je répondrai : excellent défaut que celui que l'on présume ! Y aurait-il beaucoup de mal que tant de gens oisifs qui encombrent les grandes villes allassent, par ambition ou par nécessité, camper près des ateliers pour améliorer leur sort; que les pauvres en si grand nombre eussent de quoi gagner leur vie. Pense-t-on qu'une population d'environ trente millions d'ames ne pourrait pas exécuter les plus immenses travaux?

D'ailleurs, s'il était nécessaire, les pays étrangers ne nous fourniraient-ils pas des bras au besoin ? En accueillant les ouvriers de tout métier et de toute profession, nous ne ferions qu'imiter l'exemple de quelques puissances étrangères.

Il faut au surplus occuper l'esprit et le corps de toutes les classes d'une population, par des motifs intéressés pour parvenir à épurer les mœurs et à changer même les intentions malfaisantes qu'on voit engendrer chaque jour par la misère. Les crimes de toute espèce que l'oisiveté enfante ne se présenteraient pas si souvent à l'imagination de l'homme qui est naturellement porté au mal, et la fureur de tous les jeux, tolérée même par le gouvernement, diminuerait insensiblement.

(C) Supposant qu'on veuille arrêter les comptes de la Société et la dissoudre à cette époque, elle aurait pour résultat un capital de 11 milliards 600 millions, attribué en amélioration, sur l'agriculture et l'industrie; mais il faudrait sept autres années pour réaliser le capital employé et les bénéfices présumés qui s'élèveraient à la somme nette de 11 milliards 800 millions, comme il est démontré par le deuxième tableau. Ces bénéfices ne sont point exagérés, puisqu'ils ne représentent qu'une valeur de 15 pour 100 par an, plus les intérêts au 5 pour 100 sur la mise de fonds payés aux actionnaires chaque fin d'année.

En revenant au résultat de l'emploi de 11 milliards 600 millions, en amélioration, sur l'agriculture et l'industrie, j'émettrai des idées qui doivent paraître précieuses en ce sens, que la partie non cultivée des domaines de la couronne et de l'Etat acquerrait une plus value de trois ou quatre fois la valeur intrinsèque qui existe aujourd'hui, par conséquent les revenus de ces immeubles augmenteraient en comparaison. Je ne calculerai point l'augmentation présumée des revenus du trésor, surtout si on laisse subsister, pendant vingt-huit ans, les impôts sur le pied où ils sont aujourd'hui.

D'après ces aperçus que je crois justes, le gouvernement aurait la douce perspective de pouvoir, après ce laps de vingt-huit années, éteindre entièrement la dette publique; et cette somme de

11 milliards 600 millions dépensée en améliorations ferait tripler ou quadrupler la valeur des propriétés réparées, multiplierait les ressources de la France, et l'heureux petit-fils de Henri IV verrait s'accomplir, sous son règne, le vœu qu'exprimait son aïeul, quand il disait avec la bonté paternelle qui le caractérisait : « Je veux que « chaque laboureur de mon royaume puisse mettre « la poule au pot le dimanche. »

FIN.

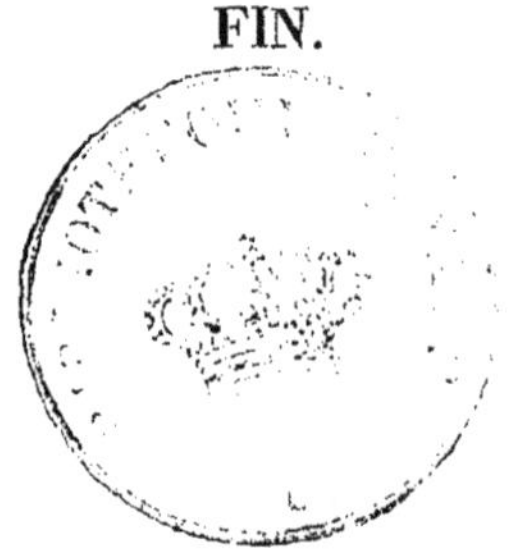

A. PIHAN DELAFOREST,
IMPRIMEUR DE MONSIEUR LE DAUPHIN ET DE LA COUR DE CASSATION.
rue des Noyers, n° 37.

www.ingramcontent.com/pod-product-compliance
Ingram Content Group UK Ltd.
Pitfield, Milton Keynes, MK11 3LW, UK
UKHW020517180726
13839UKWH00005B/2153